浙江省家庭居室装饰装修施工合同

（示范文本）

HT33 / SF02 1—2022

浙江省消费者权益保护委员会
浙江省建筑装饰行业协会 编著

图书在版编目（CIP）数据

浙江省家庭居室装饰装修施工合同（示范文本）：
HT33/SF02 1—2022／浙江省消费者权益保护委员会，浙
江省建筑装饰行业协会编著. — 北京：中国建筑工业出
版社，2022.6

ISBN 978-7-112-27438-3

Ⅰ.①浙…　Ⅱ.①浙…②浙…　Ⅲ.①室内装饰－工
程施工－经济合同－范文－浙江　Ⅳ.①TU723.1

中国版本图书馆 CIP 数据核字（2022）第 093570 号

责任编辑：费海玲
文字编辑：汪箫仪
责任校对：张　颖

浙江省家庭居室装饰装修施工合同
（示范文本）
HT33/SF02 1—2022
浙江省消费者权益保护委员会
浙江省建筑装饰行业协会　编著

*

中国建筑工业出版社出版、发行（北京海淀三里河路 9 号）
各地新华书店、建筑书店经销
北京红光制版公司制版
河北鹏润印刷有限公司印刷

*

开本：787 毫米×1092 毫米　1/16　印张：1½　字数：30 千字
2022 年 8 月第一版　　2022 年 8 月第一次印刷
定价：**20.00** 元
ISBN 978-7-112-27438-3
（39581）

说　明

一、为进一步加强家庭居室装饰装修管理，促进家庭装饰装修市场健康发展，根据《中华人民共和国民法典》《中华人民共和国消费者权益保护法》《浙江省实施〈中华人民共和国消费者权益保护法〉办法》等有关法律法规，结合浙江省家庭居室装饰装修发展要求制定《浙江省家庭居室装饰装修施工合同（示范文本）》HT33/SF02 1—2022［以下简称本合同（示范文本）］。

二、本合同（示范文本）由浙江省建筑装饰行业协会制定，浙江省市场监督管理局、浙江省消费者权益保护委员会、浙江省建筑装饰行业协会共同发布。

三、本合同（示范文本）由浙江省建筑装饰行业协会负责解释，但不负责对已订立的合同内容进行解释。

四、本合同（示范文本）由《浙江省家庭居室装饰装修施工合同》和《浙江省家庭居室装饰装修施工合同装饰施工内容表》《浙江省家庭居室装饰装修施工合同工程预算清单》《浙江省家庭居室装饰装修施工合同甲方提供材料、设备表》《浙江省家庭居室装饰装修施工合同工程主材报价单》《浙江省家庭居室装饰装修施工合同工程项目变更单》《浙江省家庭居室装饰装修施工合同工程质量验收单》《浙江省家庭居室装饰装修施工合同工程保修单》《浙江省家庭居室装饰装修施工合同工程结算单（决算）》8 个附件组成。

五、本合同（示范文本）供所装修的家庭居室位于浙江省行政区域内的合同当事人参照使用。

六、签订本合同（示范文本）前，应至少提前 3 天，向消费者提供拟签合同文本及合同附件一至附件四，确保消费者能详细阅读了解合同条款。

七、双方可以协商以书面形式变更或补充本合同（示范文本）。

八、经营者若在本合同（示范文本）中自行拟订或修改格式条款，不得使用本合同（示范文本）的样式，不得以本合同（示范文本）名义与消费者签订合同。

九、经营者若在本合同（示范文本）中自行拟订或修改格式条款的，应当在开始使用该格式条款之日起三十日内，将合同样本报核发其营业执照的市场监督管理部门备案（请登陆浙江政务服务网办理 https://oauth.zjzwfw.gov.cn/login.jsp）。

浙江省家庭居室装饰装修施工合同

合同当事人

发包人（以下简称甲方）：_____

住所：_____ 电话：_____

委托代理人：_____ 电话：_____

承包人（以下简称乙方）：_____

地址：_____ 电话：_____

委托代理人：_____ 电话：_____

现场施工负责人：_____ 电话：_____

根据《中华人民共和国民法典》《中华人民共和国消费者权益保护法》《浙江省实施〈中华人民共和国消费者权益保护法〉办法》《中华人民共和国价格法》《住宅室内装饰装修管理办法》，现行国家标准《建筑装饰装修工程质量验收标准》GB 50210、《民用建筑工程室内环境污染控制标准》GB 50325、《住宅室内装饰装修工程质量验收规范》JGJ/T 304 以及其他有关法律法规、政府规章、行业规范的规定，结合本工程的具体情况，甲乙双方在平等、自愿协商的前提下达成如下协议，共同遵守。

第一条　工程概况和造价

（一）甲方装饰装修（以下简称装饰）的住宅系合法所有或有合法使用权。甲方承诺有权对该住宅进行装饰，否则由此而产生的一切后果由甲方承担。乙方应为经市场监督管理部门核准登记的企业。

（二）装饰施工地址：_____市_____区（县）_____路（小区）_____幢_____号（单元）_____楼_____室。

（三）住宅结构：_____，房型：_____房_____厅_____厨_____卫_____阳台，建筑面积_____平方米（m²），套内施工面积_____平方米（m²）。

（四）装饰施工内容：施工内容应正确、扼要说明主要工序。见附件一《装饰施工内容表》。

（五）工程承包方式：双方商定采取下列第____种承包方式。

1. 乙方包工、包料。

2. 乙方包工、部分包料，甲方提供部分材料。

3. 乙方包工、甲方包料。

4. 乙方以每平方米_____元单价包干方式。

（六）双方约定并依照设计施工图纸合理确定工程预算造价，可结合当地实际情况考虑人工幅度差，见附件二《工程预算清单》。

合同含税总价款：¥＿＿＿＿＿＿＿＿＿＿＿＿＿＿＿＿元，

人民币（大写）：＿＿＿＿＿＿＿＿＿＿＿＿＿＿＿＿元。

合同总价款是甲乙双方对设计方案、工程价格确认后的金额。竣工结算总价的增减幅度在没有项目变更时不应超过合同总价款的5％。经双方约定增项后的结算总价不应超出原合同价的10％（＿＿＿＿＿＿＿＿＿＿＿＿）。按实结算单个项目的结算价应与预算项目价保持一致；与同类项目设计有差异的项目，结算价不应超过该类项目预算价的10％。乙方应在合同报价中列出详细的应收费项目与收费标准。

合同签订生效后，如甲方确认变更施工内容、变更材料，该部分的变更价应当按实计算。

（七）工程开工日期＿＿＿年＿＿＿月＿＿＿日，竣工日期＿＿＿年＿＿＿月＿＿＿日，总工期＿＿＿天。

第二条　工程监理

若本工程实行工程监理，甲方与监理公司另行签订《工程监理合同》，并将监理工程师的姓名、单位、联系方式及监理工程师的职责、权限等以书面形式通知乙方，甲方承担相关费用。

第三条　施工图纸

双方商定施工图纸采取下列第＿＿＿种方式提供：

（一）甲方自行设计并提供施工图纸，图纸一式二份，甲乙双方各一份。

（二）甲方委托乙方设计施工图纸，图纸一式二份，甲乙双方各一份，除双方另有约定外，不再收取设计费用。双方也可另行协商约定设计委托事项，设计费用单列。

本工程图纸由＿＿＿＿＿＿＿＿＿单位设计，设计负责人：＿＿＿＿＿＿＿＿，联系电话：＿＿＿＿＿＿＿＿，负责向甲方及施工单位进行设计交底、处理有关设计问题和参加竣工验收。

第四条　甲方义务

（一）开工前＿＿＿＿天，为乙方入场施工提供条件，包括：搬清室内家具、陈设或将室内不易搬动的家具、陈设归堆、遮盖，并做好保护措施，以不影响施工为原则。若甲方不清空或不采取必要的保护措施而造成家具、陈设损坏，责任由甲方承担。

（二）负责向物业管理部门或有关部门申报登记。办理施工手续及施工人员出入证手续，并支付有关费用。如在整个施工过程中，由于乙方违规原因造成甲方所支付的费用被物业管理部门没收，乙方应对被没收部分进行全额赔偿，赔偿款项在工程款中扣减。

（三）应将物业管理部门关于居室装饰装修的有关规定书面告知乙方，并由乙方现场负责人签字确认。

（四）应将房屋分户钥匙交乙方保管，工程交付时退回。

（五）提供施工期间的水源、电源等施工必备条件。

（六）负责协调因施工而发生的邻里之间的纠纷。

（七）不得要求乙方拆动室内承重结构。如需要拆改原建筑的非承重结构、燃气管道、设备管线等，负责到有关部门办理相应的审批手续。

（八）施工期间甲方仍需部分使用该居室的，负责做好施工现场的保卫及消防等工作。

（九）参与工程质量和施工进度的监督，负责对乙方采购的材料进场验收、工程主要节点验收和工程竣工验收。

（十）按约定支付工程款和结算工程款。

第五条　乙方义务

（一）应具备市场监督管理部门核发的营业执照。

（二）指派＿＿＿＿＿＿＿为本工程项目负责人，全权负责合同履行。做好各项质量检查及施工记录，在施工中严格执行安全操作规范、防火规定、施工规范及质量标准，按期保质完成工程。

（三）严格执行有关施工现场管理的规定，不得扰民及污染环境。

（四）保护好已有保护措施的家具和陈设。

（五）保证施工现场的整洁，工程完工后负责清扫施工现场。

（六）因工程施工而产生的垃圾，由乙方负责运出施工现场，并负责将垃圾运到物业管理部门指定的地点，＿＿＿＿方负责支付拆除、垃圾清运费用。

（七）未经甲方同意和所在的相关部门批准备案，不得随意改变房屋结构和使用性质，因进行装饰装修施工造成相邻住房的管道堵塞、渗漏、停水、停电等，由乙方承担修理和赔偿责任。

（八）不得随意更改燃气管道、水表前管道和电表前管线。

第六条　开工前的准备

开工前双方共同检查居室的水、电、电视、电话、网络、下水管道等线路是否畅通；墙体、窗台有无渗水、漏水；室内物品是否完好。应做好相关的现场记录，双方签字认可后，甲乙双方各持一份。

第七条　装饰装修材料的提供

（一）甲方提供的材料。详见附件三《甲方提供材料、设备清单》。

本工程甲方负责采购供应的材料、设备，应为符合设计要求的合格产品，且必须符合国家标准，有质量环保检验合格证明和有中文标识的产品名称，规格，型号，生产厂厂名、厂址等，不得用国家明令淘汰的建筑装饰装修材料和设备。甲方提供的材料、设备按时送达现场后，甲乙双方应及时办理验收交接手续，由乙方负责保管，遗失或造成损失的，由乙方负责赔偿。承包方式采用乙方包工、部分包料，甲方提供部分材料的，除附件三所列材料、设备外，设计范围内所包含的其他必要材料、设备均应由乙方提供。乙方不得以附件四未包含为由，向甲方另行收取材料、设备费用。

（二）甲方采购供应的装饰材料、设备，均应用于本合同规定的住宅装饰，未经甲方同意，乙方不得挪作他用。如乙方违反此规定，按挪用材料、设备价款的双倍补偿给甲方。

（三）乙方提供的材料。详见附件四《工程主材报价单》。

乙方提供的材料，必须符合国家标准，有质量环保检验合格证明和有中文标识的产品名称，规格，型号，生产厂厂名、厂址等，不得用国家明令淘汰的建筑装饰装修材料和设备。

（四）乙方提供的材料、设备，应提前＿＿＿天通知甲方验收。未经甲方验收及不符合工程主材报价单要求的，应禁止使用，否则，对工程造成的损失由乙方负责。在规定的时间内甲方不按时验收，应视作验收，但不免除乙方不按工程报价单选购及使用材料所引起的责任。

（五）甲方或乙方提供的材料应当符合现行国家标准《民用建筑工程室内环境污染控制标准》GB 50325 和现行的室内装饰装修材料有害物质限量 10 项强制性国家标准所规定的要求，应当具备有效的出厂证明及合格的检验单。

（六）施工中如乙方发现甲方提供的材料、设备质量有缺陷、规格有差异或有害物质超标等，应及时向甲方提出。甲方仍坚持确认使用的，由此造成的工程质量不符合标准或人身伤害，责任由甲方承担。

第八条　工程施工

（一）施工内容。按照附件一《装饰施工内容表》实行。

（二）施工规范。按照《住宅室内装饰装修管理办法》等法律法规开展，服务规范参照现行团体标准《家庭居室装饰装修服务规范》T/ZBDIA 0002 执行。

第九条　工程变更

（一）工程项目如需要变更，双方应协商一致，签订书面变更协议，同时调整相关工程费用及工期。

（二）因甲方原因提出变更设计、停止施工或增减项目，应以书面形式通知乙方。在签订附件五《工程项目变更单》后，方能进行施工。因变更所造成的停工、工期延误和无法再利用而造成的材料损耗等损失由甲方补偿，乙方两天内根据变更内容向甲方提出因变更而产生的相关费用清单。

第十条　工期延误

（一）对以下原因造成竣工工期延误，经甲方确认，工期相应顺延。

1. 工程量变化及设计变更。

2. 不可抗力。

3. 不能保证双方约定的作业时间及甲方同意工期顺延的其他情况。

（二）因甲方未按约定完成其应负责的工作影响工期的，工期顺延；因甲方提供的材料、设备质量不合格而影响工程质量的，返工费用由甲方承担，工期顺延。

（三）甲方未按期支付工程款，合同工期相应顺延。

（四）因乙方责任不能按期开工或无故中途停工而耽误工期的，工期不变；因乙方原因造成工程质量存在问题的，返工费用由乙方承担，工期不变。

第十一条　安全生产和防火

（一）甲方提供的施工图纸或施工说明及施工场地应符合防火、防事故的要求，保证电气线路、燃气管道、给水排水和其他管道畅通、合格。乙方在施工中应采取必要的安全防护和消防措施，保障作业人员及相邻居民的安全，防止发生相邻居民住房管道堵塞、渗漏水、停水停电、物品毁坏等情况。如遇上述情况发生，属甲方责任的，甲方负责修复或赔偿；属于乙方责任的，乙方负责修复或赔偿。

（二）乙方在施工期间应加强安全生产，文明施工。凡发生工伤及死亡事故均由乙方自行负责。为防范工程意外产生的损失，应购买工程保险，工程保险费用由＿＿＿方办理并支付，若一方委托另一方办理，费用由委托方承担。

（三）甲乙双方共同遵守装饰装修和物业管理的有关规定，施工中不得擅自改变房屋承重结构，拆、改共用管线和设施。

第十二条　工程验收和保修

（一）本工程执行《浙江省实施〈中华人民共和国消费者权益保护法〉办法》和现行国家标准《住宅设计规范》GB 50096、《建筑装饰装修工程质量验收标准》GB 50210，现行行业标准《住宅室内装饰装修工程质量验收规范》JGJ/T 304以及其他相关法律法规规定。

（二）甲乙双方应及时办理隐蔽工程和分部分项工程的验收手续，甲方在接到乙方验收申请的七日内，不能组织和参加验收的，将由乙方组织人员进行验收，甲方应予承认。若甲方对乙方的验收结果有异议，可以要求复验，乙方应按甲方要求进行复验。若复验合格，因复验产生的费用由甲方承担，工期也予顺延；若复验不合格，因修理或返工产生的费用由乙方承担，工期不变。

（三）工程竣工后，乙方应通知甲方在七日内组织验收。验收通过的，填写附件六《工程质量验收单》并签字，办理验收移交手续，并由甲方按照约定付清全部价款。如果甲方在规定时间内不能组织验收，须及时通知乙方，另定验收日期。如竣工验收通过，甲方应承认原竣工日期，并承担乙方的看管费用和其他相关费用。装饰工程未经验收或验收不通过的，甲方有权拒收，乙方承担返工及延期交付的责任。

（四）如甲方要求进行室内环境质量检测，应在工程完工7天以后、交付使用以前，由甲方（或委托乙方）组织安排相关部门认可、具有室内环境质量检测资格的机构进行室内环境质量检测，检测费用由甲方承担。室内环境质量验收合格后，方可投入使用。若检测不合格，视其原因对发生的治理费用及再次检测费用按下列情况确定双方承担责任的大小。

1. 乙方包工、包料的，由乙方完全承担。

2. 甲方提供材料的，由甲方完全承担。

3. 甲乙双方共同提供材料的，由甲乙双方所提供影响居室环境材料的比例相应承担。

（五）工程保修。埋设在墙体、地面内的电气网络管线和给水排水管道等隐蔽工程的保修期为＿＿＿年（不低于八年），包括有防水要求的厨房、卫生间、地下室和＿＿＿＿＿＿＿＿的保修期为＿＿＿年（不低于八年）；其他装修部位的保修期为＿＿＿年（不低于两年）。保修期自竣工验收合格双方签字之日起。验收合格签字后，甲方付清工程尾款后，乙方填写住宅室内装饰装修工程保修单，详见附件七《工程保修单》，乙方同时提供竣工图等资料。

第十三条　工程款支付方式

（一）除本合同另有约定外，双方同意以附件二《工程预算清单》、附件四《工程主材报价单》为本工程单价及数量的基础约定，结算时以双方确认的实际工程量为准。

（二）双方约定按以下第____种方式支付工程款：

1. 合同生效后，甲方按表1中的约定直接向乙方支付工程款。

表1　工程款计划表

工程进度	付款时间	付款比例/%	金额/元
对设计方案、预算确认	合同签订当日		
施工过程中	水、电、管线隐蔽工程通过验收		
工程过半（已完成石材或瓷砖等饰面板的镶贴，门窗的安装，瓦、木工工序基本完成）	油漆工进场前		
竣工验收	验收合格____天内		
增加工程项目	签订工程项目变更单时		

2. 其他支付方式：_____

_____。

（三）工程验收合格后，乙方应向甲方提交附件八《工程结算单（决算）》，甲方接到后____日内既未提出异议也未予确认的，乙方应再次催告甲方确认，甲方接到催告后____日内仍未提出异议，即视为同意，并向乙方结清工程余款。

（四）工程款应交入本协议约定的乙方公司账户或乙方加盖公章形式出具的书面指令函指定的收款账户，任何第三方（包括项目经理、家居顾问等员工）未经乙方加盖公章的书面指令均无权代乙方收取任何装修款项。

（五）甲方应按约及时付款，在甲方付款□前/□后，乙方应向甲方开具并提供税务统一发票。

第十四条　违约责任

（一）因乙方原因致使工程质量不符合约定的，甲方有权要求乙方在合理期限内无偿修理或返工。经过修理或返工后，造成逾期交付的，乙方应当承担违约责任。

（二）因乙方原因造成工程逾期交付的，每逾期一天，乙方应按以下第____种方式赔偿给甲方：①人民币____元/天；②合同总价款的每日万分之____；③其他：_____。逾期超过____天的，甲方有权要求解除合同。

（三）乙方擅自拆改房屋承重结构或共用管线和设施，由此发生的损失或事故（包括罚款），由乙方负责并承担责任。

（四）乙方提供的材料、设备是假冒伪劣产品的，应按材料、设备价款的双倍赔偿甲方。

（五）甲方未办理有关手续，强行要求乙方拆改原有房屋承重结构或共用管线和设施，乙方应拒绝施工。乙方未拒绝施工而发生损失或事故（包括罚款）的，乙方应承担连带责任。

（六）由于甲方原因造成延期开工或中途停工，乙方可以顺延工程竣工日期，并有权要求赔偿停工、窝工等损失。每停工、窝工一天，甲方应赔偿给乙方人民币____元 。

（七）甲方如未按约定对隐蔽工程、竣工工程进行验收，乙方可以顺延工程竣工和交付日期，并有权要求赔偿停工、窝工等损失。每逾期一天，甲方应赔偿给乙方人民币____元。

（八）甲方未按合同约定时间付款的，每逾期一天，甲方应按以下第____种方式赔偿给乙方，工期顺延：①人民币____元/天；②合同总价款的每日万分之____；③其他：_____。逾期超过____天的，乙方有权要求解除合同。

（九）工程未办理验收、结算手续，甲方提前使用或擅自入住，由此造成无法验收和损失的，由甲方负责。

第十五条　合同争议的解决方式

住宅室内装饰装修工程发生纠纷的，可以协商或调解解决。不愿协商、调解或协商、调解不成的，当事人可按下列第____种方式处理：

1. 提交_____仲裁委员会仲裁。
2. 依法向房屋所在地的人民法院提起诉讼。

第十六条　合同的变更和解除

（一）合同经双方签字生效后，双方必须严格遵守。任何一方需变更合同内容，应经协商一致后，重新签订补充协议。合同签订后施工前，一方如要终止合同，应以书面形式提出，并按合同总价款的____％支付违约金，办理终止合同手续。

（二）施工过程中任何一方提出终止合同，须向另一方以书面形式提出，经双方同意办理清算手续，订立终止合同协议，并由责任方按合同总价款的____％ 赔偿，解除本合同。

第十七条　其他约定

（一）_____。
（二）_____。
（三）_____。
（四）_____。
（五）_____。

第十八条　附则

（一）本合同由甲乙双方签字、盖章后生效。
（二）本合同签订后，工程不得转包。
（三）本合同一式____份，甲乙双方各执____份，合同附件为本合同的组成部分，具有同等的法律效力。

第十九条　合同附件

附件一： 浙江省家庭居室装饰装修施工合同**装饰施工内容表**（防水工程、门窗工程、吊顶工程、轻质隔墙工程、墙饰面工程、楼地面饰面工程、涂饰工程、细部工程、厨房工程、卫浴工程、电气工程、家居智能化工程、给水排水与采暖工程、通风与空调工程、其他要求）。

附件二： 浙江省家庭居室装饰装修施工合同**工程预算清单**（项目名称、单位、数量、单价、金额、主材、辅材、损耗、机械、人工、备注）。

附件三： 浙江省家庭居室装饰装修施工合同**甲方提供材料、设备清单**（材料或设备名称、品牌、规格、型号、质量等级、单位、数量、送达时间、送达地点、备注）。

附件四： 浙江省家庭居室装饰装修施工合同**工程主材报价单**（装饰部位、装饰内容、材料名称、品牌、规格、型号、质量等级、单位、数量、单价、合价、备注）。

附件五： 浙江省家庭居室装饰装修施工合同**工程项目变更单**（变更内容、变更前价格、变更后价格、增减金额）。

附件六： 浙江省家庭居室装饰装修施工合同**工程质量验收单**（日期、项目名称、验收结果、甲方代表签字、乙方代表签章、第三方代表签章）。

附件七： 浙江省家庭居室装饰装修施工合同**工程保修单**（公司名称、联系电话、用户姓名、联系电话、合同编号、装饰工程地址、施工单位负责人、工地负责人、开竣工日期、竣工验收日期、工程交付日期、保修期限）。

附件八： 浙江省家庭居室装饰装修施工合同**工程结算单（决算）**（工程合同造价、变更增加项目、变更减少项目、工程结算总额、甲方已付金额、甲方应付乙方金额、乙方应付甲方金额）。

合同附件上均应有甲乙双方的签名及具体签署日期。如企业另有合同附件的，其内容应当包括上列示范合同附件内容。

甲　　　　方：	乙方（签章）：
姓名（签字）：	法定代理人：
委托代理人：	委托代理人：
住　　　　址：	地　　　　址：
电　　　　话：	电　　　　话：
邮　　　　编：	邮　　　　编：
	统一社会信用代码：
	开 户 银 行：
	账　　　　号：
	税　　　　号：

签订日期：　　　年　　月　　日

签订地点：

附件一

浙江省家庭居室装饰装修施工合同
装饰施工内容表

工程名称：_____ 　　　　工程地址：_____

序号	工程施工内容及说明
1	防水工程
2	门窗工程
3	吊顶工程 各功能区域吊顶所用材料及形式：
4	轻质隔墙工程
5	墙饰面工程
6	楼地面饰面工程 按饰面层施工要求所需要的找平层区域：
7	涂饰工程 墙顶面腻子刮批（　　）次，乳胶漆辊、刷、喷涂（　　）遍
8	细部工程
9	厨房工程

10	卫浴工程	
11	电气工程	
12	家居智能化工程	
13	给水排水与采暖工程	
14	通风与空调工程	
15	其他要求	

填表提示：

1. 填写此表时，应详细约定需装修的区域和部位。

2. 装修过程中，此表中无列入或更改的，需要增项或变更时，及时填写附件五《工程项目变更单》，经甲乙双方签字后实施。

3. 基层修补、拆改凿除、垃圾清运未列入预算的，在进场时，甲乙双方约定实施方案及价格。

4. 由甲方提供材料时，电气工程预埋电线管道前，乙方应列出需提供管线、开关插座的数量。

5. 楼地面饰面工程施工前，按房屋实际情况，需增加找平层的，应告知甲方需要增加的区域，并协商价格。

6. 应列出吊顶工程各功能区域吊顶所用材料及形式。

7. 涂饰工程施工前，乙方应按采用材料及工艺的要求，告知甲方墙顶面腻子刮批次数，以及乳胶漆辊、刷、喷涂遍数。

8. 卫浴工程中，现有房屋结构中有卫生间等电位联结装置的，必须按照强制性国家标准进行安装，以防漏电、静电、雷电。

甲方代表（签字）：　　　　　　　　　　　　　　乙方代表（签章）：

　　年　　月　　日　　　　　　　　　　　　　　　　年　　月　　日

附件二

工程名称：＿＿＿＿＿＿

浙江省家庭居室装饰装修施工合同
工程预算清单

工程地址：＿＿＿＿＿＿

序号	项目名称	工程造价				其中（单价/元）				备注
		单位	数量	单价/元	金额/元	主材	辅材	损耗	机械	人工

甲方代表（签字）：

年　月　日

乙方代表（签章）：

年　月　日

附件三

浙江省家庭居室装饰装修施工合同
甲方提供材料、设备清单

工程名称：

工程地址：

序号	材料或设备名称	品牌	规格	型号	质量等级	单位	数量	送达时间	送达地点	备注

甲方代表（签字）：

乙方代表（签章）：

年　月　日

年　月　日

附件四

工程名称：＿＿＿＿＿

工程地址：＿＿＿＿＿

浙江省家庭居室装饰装修施工合同
工程主材报价单

序号	装饰部位	装饰内容	材料名称	品牌	规格	型号	质量等级	单位	数量	单价/元	合价/元	备注

甲方代表（签字）：

年　　月　　日

乙方代表（签章）：

年　　月　　日

附件五

浙江省家庭居室装饰装修施工合同
工程项目变更单

工程名称：＿＿＿＿＿＿＿＿＿＿＿＿＿＿　　　　工程地址：＿＿＿＿＿＿＿＿＿＿＿＿＿＿

变更内容	变更前价格/元	变更后价格/元	增减金额（＋／－）/元

详细说明：

增项工程金额/元	减项工程金额/元	（增减）金额/元	实付（增减）金额/元

甲方代表（签字）：　　　　　　　　　　　　　　乙方代表（签章）：

　　年　　月　　日　　　　　　　　　　　　　　　　年　　月　　日

附件六

浙江省家庭居室装饰装修施工合同
工程质量验收单

工程名称：＿＿＿＿＿＿＿＿＿＿＿＿＿＿　　工程地址：＿＿＿＿＿＿＿＿＿＿＿＿＿＿＿

日期	项目名称	验收结果			甲方代表 签字	乙方代表 签章
		通过	不通过	补验		
整 体 工 程 验 收 意 见						
	甲方代表（签字）： 　年　月　日	乙方代表（签章）： 　年　月　日			第三方代表（签章）： 　年　月　日	

注：1. 甲乙双方在平等、自愿协商的前提下引入第三方参与过程监督检查及竣工验收。

　　2. 分项验收评定：通过打"√"，不通过打"×"，补验通过打"√"。

附件七

浙江省家庭居室装饰装修施工合同
工程保修单

工程名称：_____　　　　工程地址：_____

公司名称		联系电话	
用户姓名		联系电话	
合同编号		装饰工程地址	
施工单位负责人		工地负责人	
开竣工日期	年 月 日 至 年 月 日	竣工验收日期	年 月 日
工程交付日期	年 月 日	保修期限	年 月 日 至 年 月 日

注：1. 包工包料工程，从竣工验收之日计算。

2. 保修期内由于乙方施工造成质量问题，乙方负责维修。

3. 保修期内如属甲方使用不当造成损坏，乙方负责修理，酌情收费。

4. 本保修单须甲乙双方签字。

甲方代表（签字）：　　　　　　　　　　　　　　乙方代表（签章）：

　年　月　日　　　　　　　　　　　　　　　　　年　月　日

保修记录单

日期	内容	保修人	业主签字

附件八

浙江省家庭居室装饰装修施工合同
工程结算单（决算）

工程名称：_____　　　　工程地址：_____

序号	项目	金额/元	备注
1	工程合同造价		
2	变更增加项目		
3	变更减少项目		
4	工程结算总额		
5	甲方已付金额		
6	甲方应付乙方金额		
7	乙方应付甲方金额		

（结算清单附后）

甲方代表（签字）：　　　　　　　　　　　　　乙方代表（签章）：

　年　　月　　日　　　　　　　　　　　　　　　年　　月　　日

责任编辑：费海玲

文字编辑：汪箫仪

封面设计： 慧星书装 Book Design

建工出版社微信

各地建筑书店

经销单位：各地新华书店 / 建筑书店（扫描上方二维码）

网络销售：中国建筑工业出版社官网 http://www.cabp.com.cn

中国建筑出版在线 http://www.cabplink.com

中国建筑工业出版社旗舰店（天猫）

中国建筑工业出版社官方旗舰店（京东）

中国建筑书店有限责任公司图书专营店（京东）

新华文轩旗舰店（天猫）　凤凰新华书店旗舰店（天猫）

博库图书专营店（天猫）　浙江新华书店图书专营店（天猫）

当当网　京东商城

图书销售分类：室内设计·装饰装修（D30）

ISBN 978-7-112-27438-3

9 787112 274383 >

（39581）定价：20.00 元

地震作用下
复杂岩质边坡动力响应特征及致灾机理

宋丹青　唐欣薇　郑月昱◎著

中国建筑工业出版社